BEI GRIN MACHT SICH IHR WISSEN BEZAHLT

- Wir veröffentlichen Ihre Hausarbeit,
  Bachelor- und Masterarbeit

- Ihr eigenes eBook und Buch -
  weltweit in allen wichtigen Shops

- Verdienen Sie an jedem Verkauf

Jetzt bei www.GRIN.com hochladen
und kostenlos publizieren

Bibliografische Information der Deutschen Nationalbibliothek:

Die Deutsche Bibliothek verzeichnet diese Publikation in der Deutschen National-
bibliografie; detaillierte bibliografische Daten sind im Internet über http://dnb.d-
nb.de/ abrufbar.

Impressum:

Copyright © 2007 GRIN Verlag, Open Publishing GmbH
Druck und Bindung: Books on Demand GmbH, Norderstedt Germany
ISBN: 9783640909506

Dieses Buch bei GRIN:

http://www.grin.com/de/e-book/138778/konzept-zur-synthese-von-alpha-alpha-
diarylprolinol-sylil-ether-ein

Simon Moser, Manuel Riedo

Konzept zur Synthese von α,α-diarylprolinol sylil ether, ein allgemeiner und leistungsfähiger neuer Organokatalysator

Organische Chemie II

GRIN Verlag

GRIN - Your knowledge has value

Der GRIN Verlag publiziert seit 1998 wissenschaftliche Arbeiten von Studenten, Hochschullehrern und anderen Akademikern als eBook und gedrucktes Buch. Die Verlagswebsite www.grin.com ist die ideale Plattform zur Veröffentlichung von Hausarbeiten, Abschlussarbeiten, wissenschaftlichen Aufsätzen, Dissertationen und Fachbüchern.

Besuchen Sie uns im Internet:

http://www.grin.com/

http://www.facebook.com/grincom

http://www.twitter.com/grin_com

Praktikum Organische Chemie II

Wintersemester 2007

Konzept zur Synthese von α,α-diarylprolinol sylil ether, ein allgemeiner und leistungsfähiger neuer Organokatalysator

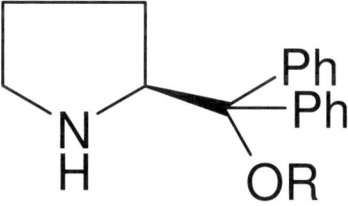

R_{5A}= TMS (trimethyl Silyl)
R_{5B}= TBDMS (tert-butyl-dimethyl silyl)

Basel, den 31. Oktober 2007

Inhaltsverzeichnis

1 Einleitung

L- Proline wurde als „Universal Katalysator" definiert, weil er besonders in der enantioselektiven Aldolisation, Mannich-Reaktion, Michael Addition und α-aminoxylation angwendet werden kann. Die Benützung von L-Proline als Katalystator ist jeodch begrenzt durch seine tiefe Löslichkeit in organischen Lösungsmitteln und auch seiner Menge, welche bei der Reaktion verwendet wird (20-50 mol%).

In den letzen Jahren wurden α,α-diarylprolinol silyl ether immer häufiger bei organokatalytischen Reaktionen ausgewertet und ergaben, dass sie höchst stereoselektive Transformationen ermöglichen. Der „Universal Charakter" dieses Katalysators wurde schlussendlich durch die Gruppe von Prof. Karl Anker Jorgensen beschrieben. [1]

2 Aufgabenstellung

In diesem Vertiefungspraktikum Chemie II wollen wir diesen neuen Typen von Katalysator (**5a** und **5b**) herstellen, ausgehend vom Zwischenprodukt (**4**). Ebenso sollen die Katalysatoren in verschiedenen Reaktionen (**8** und **11**) zum Zuge kommen, welche bereits an der FHNW erfolgreich durchgeführt worden sind. Diese Reaktion (stereoselektive Aldolisation und Mannich-Reaktion) wurde mit L-Proline als Katalysator umgesetzt. Wenn noch genügend Zeit vorhanden ist sollte eine 10 Gramm Menge an Katalysator (**5a** und **5b**) hergestellt werden, ausgehend von Zwischenprodukt (**2**).

2.1 Umsetzen von L-Prolin zum Zielkatalysator

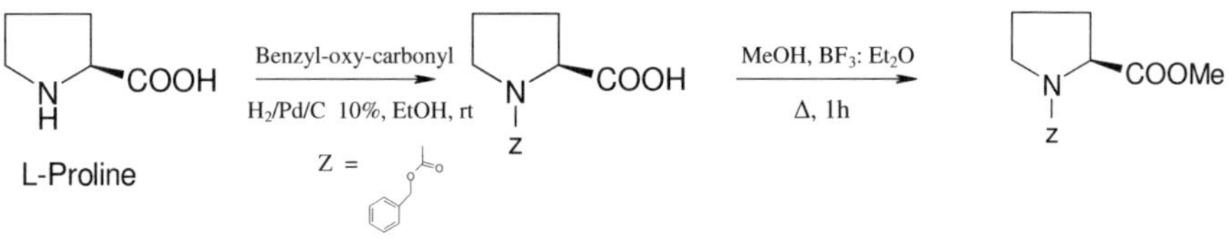

L-Proline

1   **2**   **3**

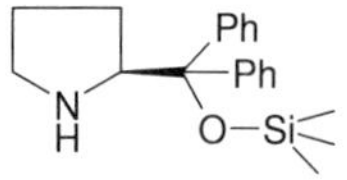

5a (80%)

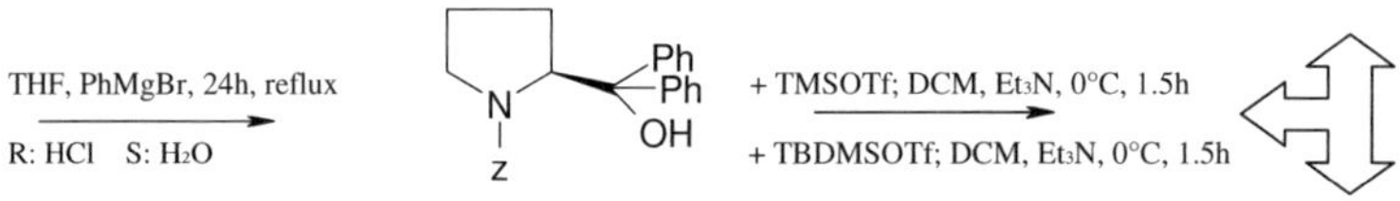

THF, PhMgBr, 24h, reflux
R: HCl S: H₂O

4

+ TMSOTf; DCM, Et₃N, 0°C, 1.5h

+ TBDMSOTf; DCM, Et₃N, 0°C, 1.5h

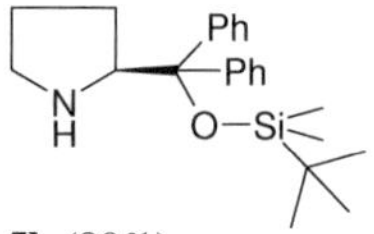

Schema 1: Herstellung von Katalysator (5a und 5b).

5b (80%)

2.2 Mannich-Reaktion unter Verwendung des hergestellten Katalysators

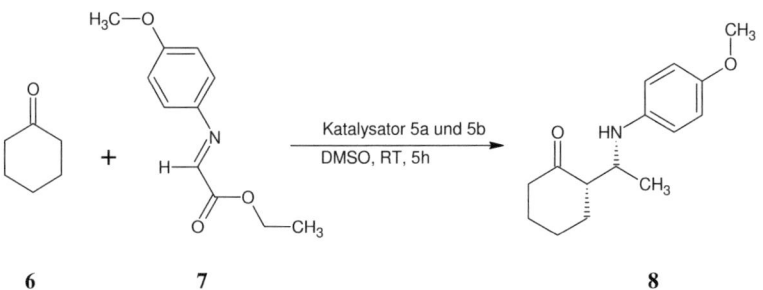

Katalysator 5a und 5b
DMSO, RT, 5h

6   **7**   **8**

Schema 2: Mannich-Reaktion mit Katalysator (5a und 5b).

2.3 Organokatalytische stereoselektive Aldol-Reaktion

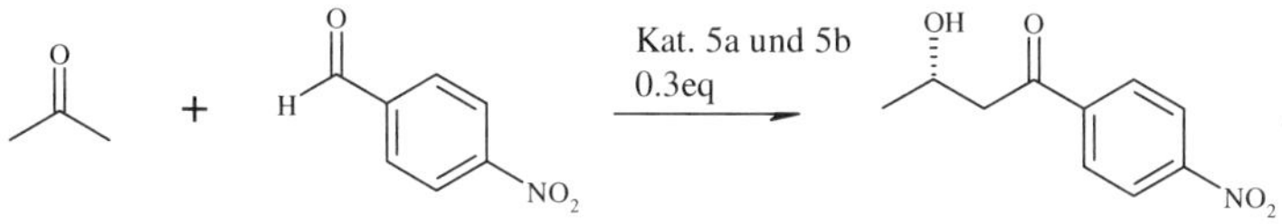

9 **10** **11**

Schema 3: Aldol-Reaktion mit Katalysator (5a und 5b).

3 Theoretischer Teil

3.1 Vorteil und Eigenschaften von α,α-diarylprolinol sylil ether

Da die Verwendung von L-Prolin als Katalysator nur sehr polare Lösungsmittel erlaubt, sind die Bedingungen für Reaktionen eingeschränkt. Bei diesem neuen katalytischen System das sehr flexibel ist und wo auch organischen Lösungsmittel wie CH2Cl2 und THF einsetzbar sind, hat eine Lösungsmitteländerung sowie Temperaturänderung nur einen Einfluss auf die Ausbeute und nicht auf die Enantioselektivität der Reaktion. Die Enantioselektivität (zwischen 90-99%ee) und die Ausbeuten der Diarylprolinol katalysierten Mannich- und Michael-Reaktionen sind sehr hoch. [1], [6]

3.2 Beispiel von Stereoselektivität von diarylprolinol silyl ether

Eine subtile Änderung in der Struktur des Katalysators kann zu erheblichen Änderungen des katalytischen Effekts führen. In der Michael Reaktion von Propanal und Nitrostyren katalysiert durch L-Prolin (**3'**) führt dies zu einer geringen Ausbeute wie auch zu geringer Enantioselektivität. Eine gute Enantioselektivität wurde mit (**1'**) (diphenylprolinol) erreicht, jedoch war die Reaktion langsam und die Ausbeute auch nach 24h nicht zufriedenstellend. Die Reaktivität vom Katalysator anschliessend der Enantioselektivität vom Produkt wurde mit Einführung einer siloxy Gruppe anstelle der hydroxy Gruppe (**2'a**, **2'b**, **2'c**) erheblich erhöht. [2]

1' **R$_{2'a}$= TMS** **3'** **4'**
R$_{2'b}$= TES
R$_{2'c}$= TBS

Nummer	Katalysator (mol%)	T [°C]	t [h]	Ausbeute [%]	Syn/anti[b]	ee [%][c]
1	**3'** (20)	0	24	44	97:3	28
2	**4'** (20)	0	24	25	92:8	75
3	**1'** (20)	23	24	29	86:14	95
4	**2'a** (10)	23	1	82	85:15	99
5	**2'a** (10)	0	5	85	94:6	99
6	**2'a** (5)	23	38	85	96:4	99
7	**2'b** (10)	0	22	72	93:7	99
8	**2'c** (10)	0	27	80	95:5	99

TMS = trimethylsilyl, TES = triethylsilyl, TBS = *tert*-butyldimethylsilyl

Schema 4: Effekt des Katalysators in Michael Reaktion von Propanal und Nitrostyren [2]

3.3 Reaktionsmechanismus der Mannich-Reaktion

Schritt 1 Bildung des Iminium-Ions

$$CH_2{=}O + (CH_3)_2\overset{+}{N}H_2Cl^- \longrightarrow CH_2{=}\overset{+}{N}(CH_3)_2Cl^- + H_2O$$

Schritt 2 Enolisierung

Schritt 3 Bildung der C—C-Bindung

$$CH_2{=}\overset{+}{N}(CH_3)_2 \longrightarrow$$

Schritt 4 Bildung des Salzes als Hydrochlorid

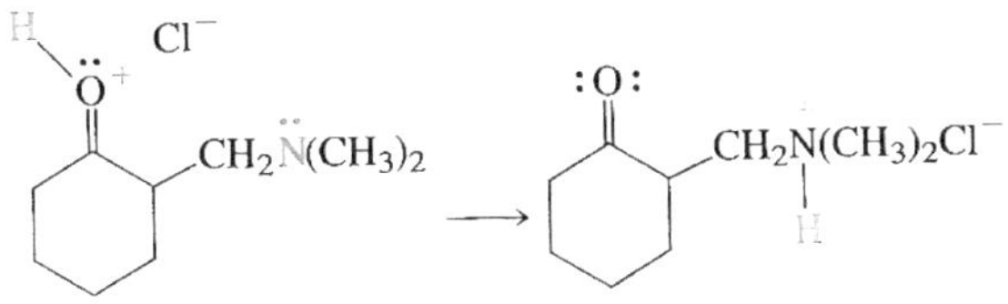

Salz der Mannich-Base

Schema 5: Reaktionsmechanismus der Mannich-Reaktion [6]

3.4 Prolin katalysierte Mannich-Reaktion

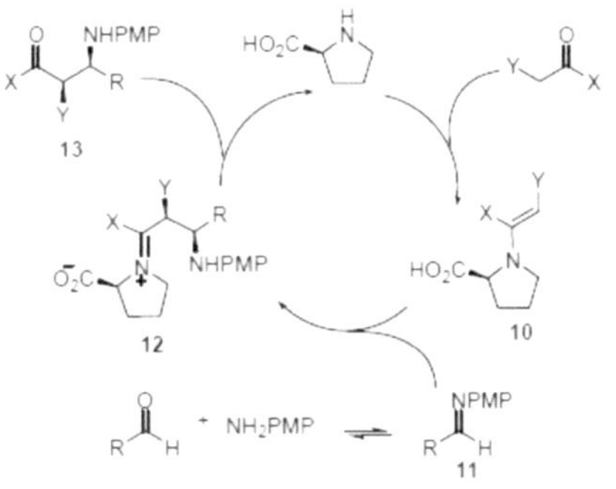

Schema 6: Reaktionsmechanismus der Mannich-Reaktion, Prolin-katalisiert [5]

3.5 Reaktionsmechanismus der Aldol-Reaktion

Als Aldol-Reaktion oder auch Aldol-Addition wird die chemische Reaktion eines Enolats als Nukleophil mit einer Carbonyl-Komponenten als Elektrophil bezeichnet. Ihre Produkte sind β-Hydroxycarbonylverbindungen. Werden hierbei zwei unterschiedliche Carbonyl-Komponenenten zur Reaktion gebracht, so spricht man von einer gekreuzten Aldolreaktion. [4]

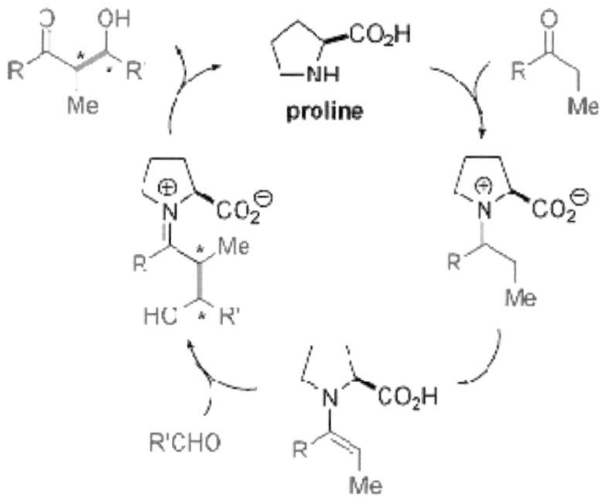
proline
CO_2H
NH
R'CHO
Me
R
R'
OH

Schema 7: Prolin katalysierte Aldol-Reaktion [4]

4 Praktisches Vorgehen

4.1 Herstellen des α,α-diarylprolinol sylil ether von Stufe 4 nach 5

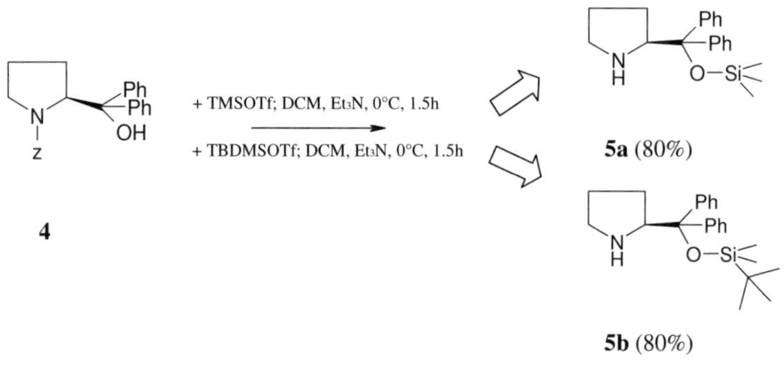
+ TMSOTf; DCM, Et3N, 0°C, 1.5h
+ TBDMSOTf; DCM, Et3N, 0°C, 1.5h
4
5a (80%)
5b (80%)

Zu einer Suspension von Diphenyl-*S*-prolinol (**4**) in Dichlormethan bei 0°C wird unter Argon Atmosphäre Triethylamin 1.5 eq. beigegeben. TMSOTf 1.2 eq. wird tropfweise hinzugemischt und für 1.5 h bei 0 °C gerührt. IPK mittels DC. Mittels Rotovap wird die Lösung aufkonzentriert. Das resultierende Öl wird unter Vakuum über Nacht getrocknet und der feste Rückstand umkristallisiert mittels Diethylether, was schlussendlich den Katalysator **5a** als weisse Nadeln ergibt (80% Ausbeute).

4.2 Herstellen des Imins für die Mannich-Reaktion

12   **13**   **14**

Die Reaktion wird unter Stickstoff Atmosphäre durchgeführt. In einem 250ml Zweihalsrundkolben wird bei RT Glyoxylsäureethylester (**12**) 1 eq. vorgelegt und in Dichlormethan gelöst. Zur klaren Lösung wird bei RT während 5min p-Anisidin (**13**) 1 eq. portionenweise zugegeben. Die Reaktionslösung wird für 30min nachgerührt, dann wird aktiviertes Molekularsieb 4Å zugegeben und für weitere 90min nachgerührt. Anschliessend wird das Molekularsieb abfiltriert und das Filtrat am Rotationsverdampfer auf ca. 50ml eingeengt. Dieser Rückstand wird mittel Flash-Chromatographie ausgetrennt. Da das Produkt instabil ist, ist darauf zu achten, dass die Chromatographie innert 1-2h durchgeführt und das isolierte Imin im Tiefkühler bei -20°C aufbewahrt wird. Es wird ein schwach gelbes Öls erhalten, welches einer Ausbeute von ca. 81% entspricht.

4.3 Durchführen der Prolin katalysierten Mannich-Reaktion

6   **7**   **8**

9

Bei RT wird das Imin (**7**) (5 mmol) in DMSO gelöst. Anschliessend während einer Minute Cyclohexanon (**6**) (96mmol) und auf einmal den Katalysator (**5a** / **5b**) (1.5mmol) zugegeben. Die Suspension wird über Nacht gerührt. Nach vollständiger Umsetzung des Imins (**7**) wird das Reaktionsgemisch mit gesättigter NaHCO$_3$-Lösung versetzt und mit Ethylacetat extrahiert und über Na$_2$SO$_4$ getrocknet filtriert und am Rotationsverdampfer eingeengt. Die erhaltene braun-orange Flüssigkeit wird in Ethylacetat gelöst und auf eine Chromatographiesäule mit Kieselgel und einer Schicht SiO2 aufgetragen. Nun wird das Gemisch mit dem Eluenten Heptan/Essigester (9:1) getrennt.

4.4 Durchführen der stereoselektiven Aldolreaktion

| **9** | **10** | | **11** |

p-Nitrobenzaldehyd (**10**) wird in Aceton (**9**) gelöst. Bei RT wird di ganze Menge an L-Prolin zur Lösung zugegeben und für 1 Minute nachrühren gelassen. Zum Reaktionsgemisch wurden 1mol-% N-Methylmorpholin (NMM) zugegeben und solange bei RT gerührt, bis sich alles vollständig umgesetzt hat. Die Suspension wurde über eine Glassinternutsche filtriert und der Filterkuchen mit 5ml Aceton nachgewaschen. Das Filtrat wurde am Rotavap eingedampft, sodass man 3.18g Rohprodukt als orange-hellbraunes Öl erhielt, was einer Rohausbeute von 99.7% entspricht. Das Rohprodukt wird mittels Flashsäulenchromatographie gereinigt. Die Produktfraktionen werden vereinigt, eingedampft und ergeben gelbe Kristalle als Produkt.

5   Sicherheit & Ökologie

Dichlormethan (DCM): Äußerste Vorsicht bei der Handhabung, Substanz ist giftig beim Einatmen, Verschlucken und Hautkontakt. Nach Aufnahme größerer Mengen treten Kopfschmerzen, zentralnervöse Störungen, Schwindel, Erbrechen, Störungen der Atem- und Herztätigkeit sowie Leber- und Nierenschäden auf.
R und S Sätze:
R: 40   /   S: 23-24/25-36/37

Triethylamin (TEA): Die Substanz verursacht schwere Verätzungen der Atemwege beim Einatmen der Dämpfe, teilweise mit Abhusten blutiger Schleimhautfetzen, sowie der Haut, der Augen und anderer Schleimhäute beim lokalen Kontakt R und S Sätze:
R: 11-20/21/22-35   /   S: 3-16-26-29-36/37/39-45

Trimethylsilyltriflat (TMSOTf):
R und S Sätze:
R: 11-14-20-21-35-37   /   S: 16-26-36-37-39-45

Phenylmagnesiumbromid (PhMgBr):
R und S Sätze:
R: 12-14-15-20-22-35-41   /   S: 16-26-30-33-36-37-39-43-45

Dimethylsulfoxid (DMSO): Dimethylsulfoxid ist eine klare, farblose, hygroskopische Flüssigkeit mit leicht an Knoblauch erinnerndem Geruch. Länger anhaltende Einwirkung höherer Konzentrationen von DMSO auf Haut oder Atemwege und ein Verschlucken von DMSO ziehen Leber- und Nierenschäden nach sich.
R und S Sätze:
R: keine R-Sätze   /   S: keine S-Sätze

Nitrobenzaldehyd:
R und S Sätze:
R: 22   /   S: 22-24/25

Cyclohexanon: ist im reinen Zustand eine farblose, wasserklare Flüssigkeit, deren Geruch ein wenig an Aceton erinnert. Cyclohexanon ist besonders beim Einatmen gesundheitsschädlich und kann Schwindelanfälle und Kopfschmerzen hervorrufen. Weiterhin bildet es beim Erwärmen entzündliche Dämpfe. Daher sollte es unter einem gut ziehenden Abzug gehandhabt werden. Dabei sind Schutzhandschuhe und Schutzbrille zu tragen.

R und S Sätze:

R: 10-20   /   S: (2)-25

Anistidin: Sehr giftig beim Einatmen, Verschlucken und bei Berührung mit der Haut.Gefahr kumulativer Wirkungen.Sehr giftig für Wasserorganismen.

R und S Sätze:

R: 26/27/28-33-50   /   S: 1/2-28.1-36/37-45-61

Entsorgung: Der bei der Arbeit anfallende Abfall wird sachgerecht entsorgt, Lösungsmittelabfälle dem Lösungsmittelabfall und Abfall von Chemischen Feststoffen dem Kontaminierten Abfall zugefügt werden.

6   Literatur

[1] Johan Franzén, Mauro Marigo, Dories Fielenbach, Tobias C. Wabnitz, Anne Kjaersgaard and K.A.Jorgensen; *J. Am. Chem. Soc.*; 127; 18296-18304; **2005**

[2] Yujiro Hayashi, Hiroaki Gotoh, Takaaki Hayashi and Mitsuro Shoji; *Angw. Chem. Int. Ed.*; 44; 4212-4215; **2005**

[3] San San Chow, Marta Nevaleinen, Catherine A. Evans and Charles W. Johannes; *Tetrahedron Letters*; 48; 277-280; **2007**

[4] Benjamin List; *The ying and yang of asymmetric aminocatalysis;* 819–824; **2006**

[5] Benjamin List; *Synlett; 11*; 1675-1686; **2001**

[6] Roger Jacot; *Synthese und Versuche mit (2S)-5-Pyrrolidin-2-yl-tetrazol als Katalysator in asymmetrischer Mannich Reaktion*; **2006**

BEI GRIN MACHT SICH IHR
WISSEN BEZAHLT

- Wir veröffentlichen Ihre Hausarbeit,
  Bachelor- und Masterarbeit

- Ihr eigenes eBook und Buch -
  weltweit in allen wichtigen Shops

- Verdienen Sie an jedem Verkauf

Jetzt bei www.GRIN.com hochladen
und kostenlos publizieren